Mathi

begleitet dich durch das Heft
mit guten Tipps und Beispielen,
wie eine Aufgabe zu lösen ist.

Mein Name ist ______________________________.

Ich verbringe die Ferien mit Mathi.

Inhalt

Hier hat Mathi für jede Woche ein Zahlenrätsel für dich vorbereitet. Mit den Seitenzahlen wird eine Rechenmauer ausgefüllt. Trage die Seitenzahlen richtig ein. Jede Zahl darf in den farbigen Feldern nur einmal vorkommen.

1. Woche

2. Woche

3. Woche

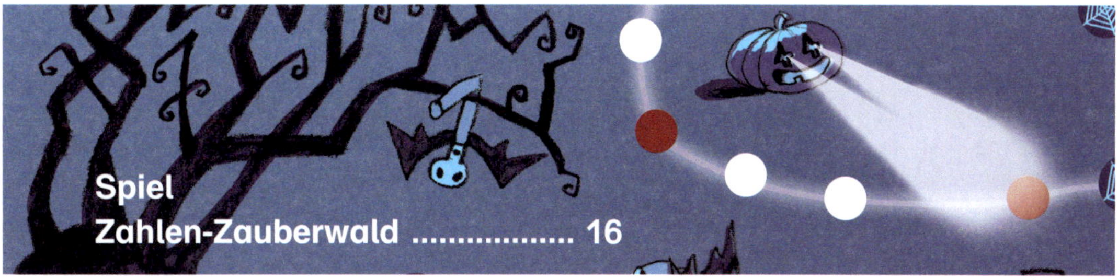

4. Woche

5. Woche

6. Woche

Endlich Ferien! Am Strand

Am Abend sieht der Strand so aus.
Verbinde die Abdrücke mit den passenden Gegenständen.

Körper-Rätsel

Es werden zwei Körper gesucht.
Wenn du alle Flächen, Kanten und Ecken dieser zwei Körper zusammenzählst, dann erhältst du insgesamt

- 7 Flächen,
- 12 Kanten,
- 8 Ecken.

Schreibe die Namen der Körper auf.

Es werden drei Körper gesucht.
Wenn du alle Flächen, Kanten und Ecken dieser drei Körper zusammenzählst, dann erhältst du insgesamt

- 9 Flächen,
- 10 Kanten,
- 5 Ecken.

Schreibe die Namen der Körper auf.

Kann das stimmen?

	Das stimmt.	Das stimmt nicht.
 Ein Pottwal ist ungefähr so schwer wie 40 Autos.	P	S
Ein Gepard kann schnell rennen. Über 200 km in der Stunde. 	U	R
 Ein Elefant frisst 10 kg Heu und Gras am Tag.	T	I
Blauwale können Geräusche über 1 000 km weit hören. 	M	E
Eine Maus wiegt ungefähr so viel wie ein Schokoriegel. 	A	L

Wenn du richtig angekreuzt hast, erhältst du ein Lösungswort.

Mein Lösungswort: ______________________

Schätzen ist bei Größen wichtig,

Sommerfest – Modenschau

Die Modenschau ist der Höhepunkt des Sommerfestes. Das schönste Kostüm bekommt einen Preis. Jedes Kind hat 2 Punkte zu vergeben.

Simon erhält 12 Punkte und damit 4 Punkte weniger als Luisa.
Rolf bekommt 3 Punkte weniger als Melli und 4 Punkte mehr als Kati.
Kati bekommt 3 Punkte weniger als Luisa.

Wer hat den Wettbewerb gewonnen?
Trage die Namen und die jeweilige Punktzahl ein.

Sommerfest – Jonglieren

Auf dem Sommerfest haben Maxi, Lisa, Lukas, Leo und Bettina jonglieren gelernt. Jetzt möchten sie wissen, wer am längsten jonglieren kann, ohne dass ein Ball auf den Boden fällt.

Leo konnte 5 Minuten jonglieren.
Bettina schaffte es 2 Minuten weniger als Lukas, aber 2 Minuten länger als Maxi. Lisa konnte 1 Minute weniger jonglieren als Bettina. Maxi schaffte es 1 Minute länger als Leo.

Trage die Namen der Kinder ein.
Wie lange kann jedes Kind jonglieren?

Platzierung	Name	Minuten
1. Platz		
2. Platz		
3. Platz		
4. Platz		
5. Platz		

Die Verkleinerungsmaschine

Die 1 000 ist in die Verkleinerungsmaschine gerutscht.

Rechne aus, welche größtmögliche Zahl du erreichen kannst.
Die Pfeile zeigen dir, wie du vor und seitwärts gehen kannst.

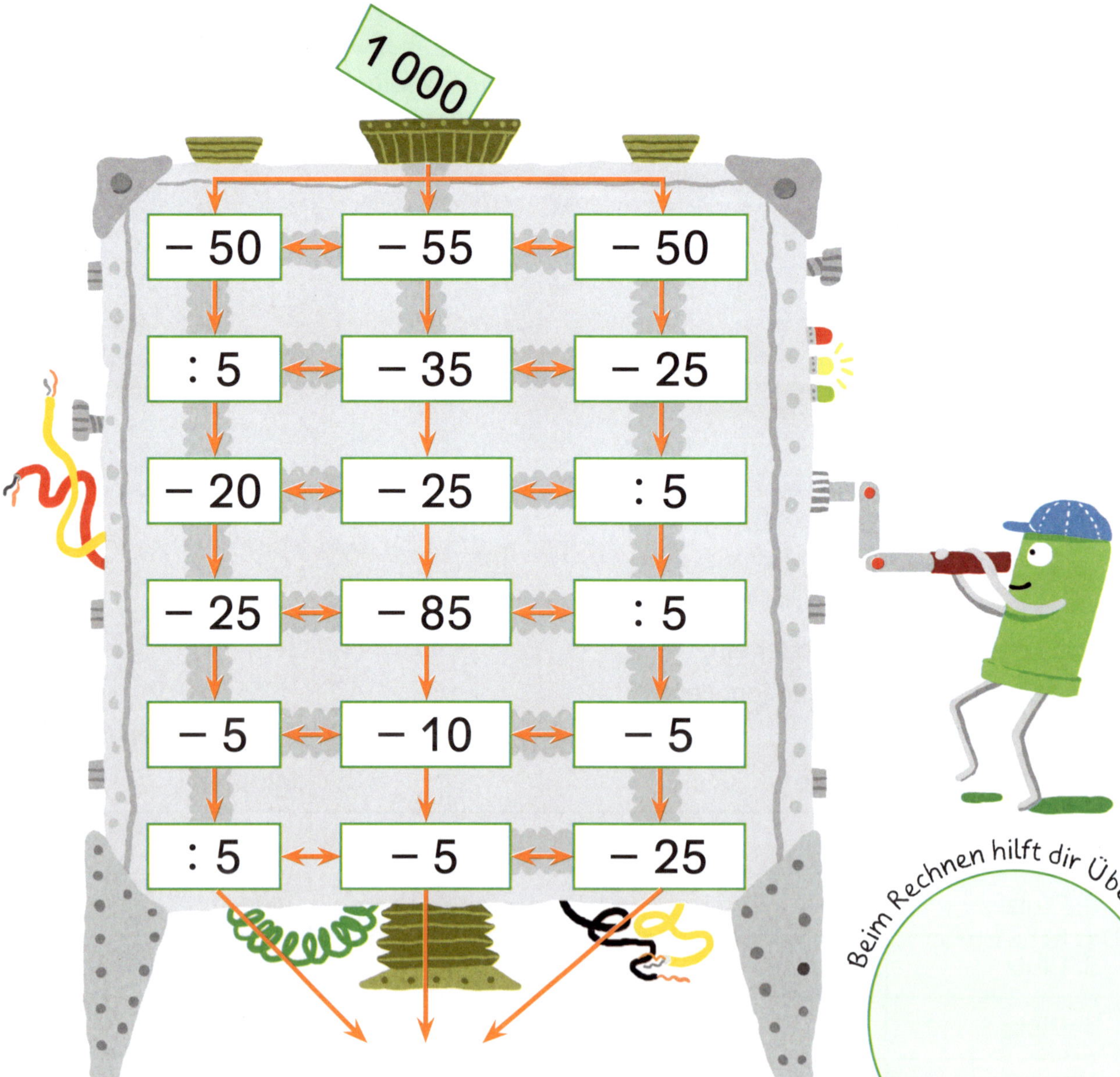

Beim Rechnen hilft dir Überlegen.

Meine Zahl heißt: ______________________

Geheime Aufgaben

Jedes Symbol über den grauen Kästchen steht für eine bestimmte Zahl.

Setze für jedes Symbol die passende Zahl ein.

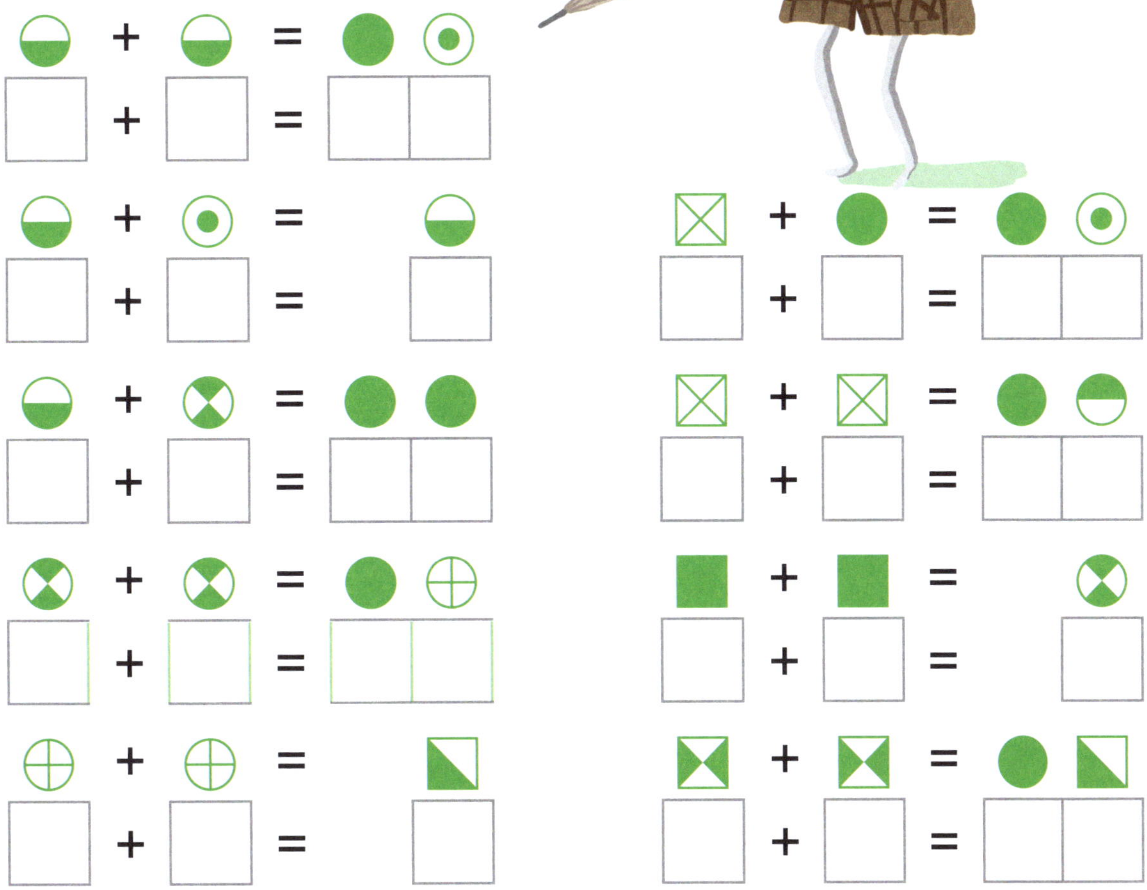

Das habe ich herausgefunden:

0 =	1 =	2 =	3 =	4 =
5 =	6 =	7 =	8 =	9 =

Geheimschrift

Finde heraus, was diese Geheimschrift bedeutet.
Jedes Symbol steht für einen Buchstaben.
Die Tabelle hilft dir beim Entschlüsseln der Geheimschrift.

Du bist

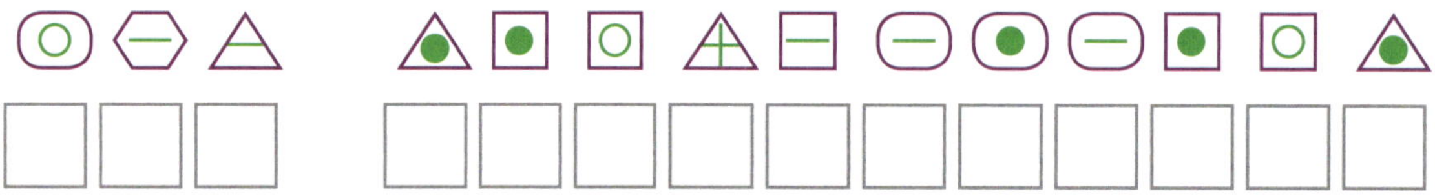

	●	○	+	—
△	S	K	L	N
□	C	H	M	A
▭ (abgerundet)	F	E	G	U
⬡	T	R	B	I

Geheimtinte

Du kannst leicht selbst Botschaften mit einer Geheimtinte schreiben:

- Presse etwas Saft aus einer Zitrone.
- Tauche einen Zahnstocher mit der Spitze in den Saft.
- Schreibe mit dem Zahnstocher deine Botschaft auf Papier.
- Tauche den Zahnstocher zwischendurch immer wieder in den Zitronensaft.
- Die Schrift wird lesbar, wenn du das Blatt vorsichtig mit einem Bügeleisen bügelst. Ein Erwachsener hilft dir dabei.

Ausritt

Svenja reitet heute mit ihrer Freundin Marissa aus.
Auf einem schmalen Heckenweg kommen ihnen zwei Reiterinnen entgegen.
Damit die Pferde nicht scheuen, nutzen sie eine Ausweichstelle.

Finde eine Lösung, wie Svenja und Marissa an den beiden anderen Reiterinnen vorbeikommen.

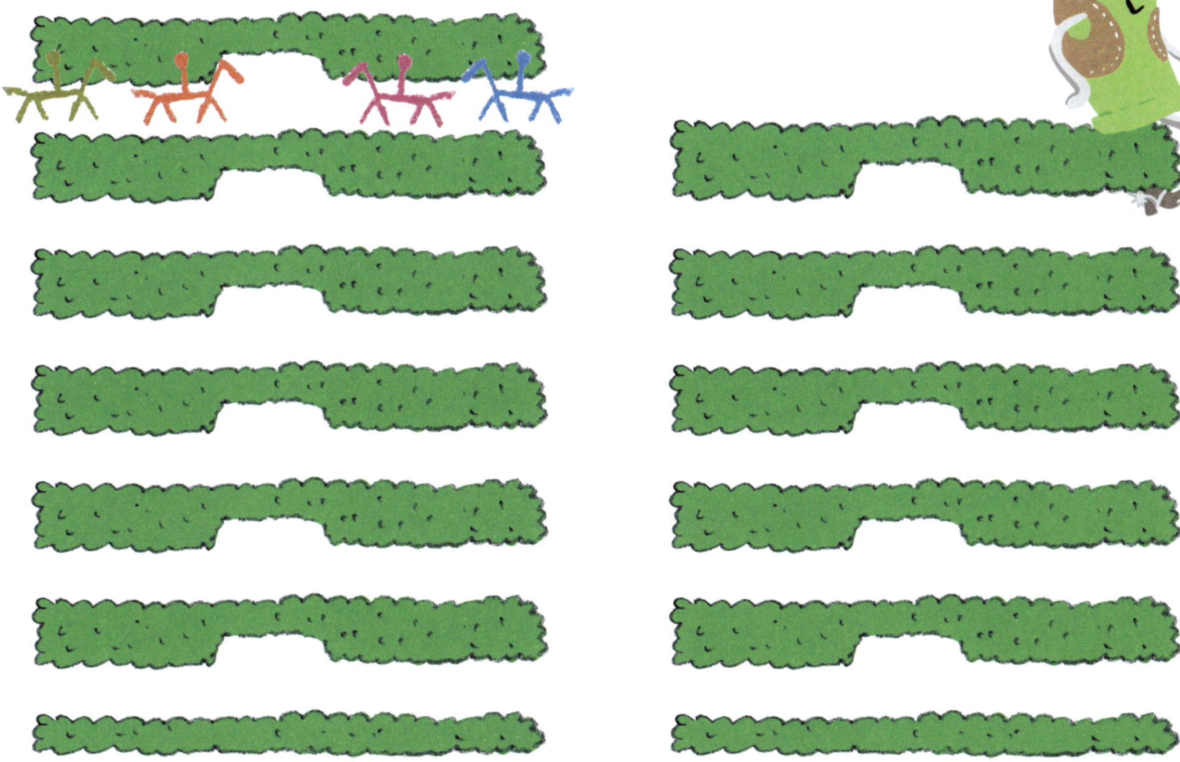

Im Sportcamp

Alle in der Familie Braun sind begeistert vom Klettern.
Herr Braun, Frau Braun und ihre Kinder Petra und Patrick sind für ein Wochenende in ein Sportcamp gefahren.
An diesem Wochenende darf jedes Familienmitglied drei Kurse besuchen. Es müssen drei unterschiedliche Kurse sein.

Notiere alle unterschiedlichen Möglichkeiten.
Denke daran, dass der Kletterkurs auf jeden Fall dabei ist.

Kombiniere die Kurse		
Kurs 1	Kurs 2	Kurs 3

Die großen Tiere

Der Elefant ist 2 Meter größer als das Bison.
Die Giraffe ist mit 6 Metern Höhe das größte Tier.
Das Bison ist doppelt so groß wie der Löwe.
Der Strauß ist dreimal so groß wie der Löwe.
Der Strauß ist halb so groß wie die Giraffe.

Schreibe die Reihenfolge auf.

Das größte Tier ist ______________________________,

das zweitgrößte Tier ist ______________________________,

das drittgrößte Tier ist ______________________________,

das viertgrößte Tier ist ______________________________.

Am wenigsten groß ist ______________________________.

Gehe so viele Felder in diese Richtung.

Du bist im Spinnennetz gefangen.
Setze eine Runde aus.

! Ihr braucht einen Würfel und für jeden Mitspieler eine Figur.

1 Im Zahlen-Zauberwald sind Zahlen versteckt. Finde mindestens fünf unterschiedliche Zahlen.
→ noch einmal würfeln

2 *Ein Frosch, 4 Beine, hüpft ins Wasser: quak, quak, quak, quak. Zwei Frösche …* Setze den Spruch fort.
→ noch einmal würfeln

3 In einer Kiste liegen 3 blaue und 2 rote Bälle und 1 gelber Ball. Wie oft musst du hineingreifen (mit verbundenen Augen), um ganz sicher den gelben Ball zu bekommen?
→ noch einmal würfeln

4 Zeige deinem Partner eine dreistellige Zahl schnell mit der Hand:
Hunderter = Faust
Zehner = Finger
Einer = mit dem Finger auf den Tisch tippen
→ beide 2 Felder weiterziehen

5 Zeige die Zahl 3, indem du mit 3 Körperteilen den Boden berührst.
→ 3 Felder weiterziehen

6 Stelle mit einem Partner die Zahl 2 dar.
→ jeder noch einmal würfeln

7 Dein Partner denkt sich eine Zahl zwischen 0 und 20 aus. Errate diese Zahl mit höchstens 3 Fragen.
→ 5 Felder weiterziehen

8 Dein Partner nennt dir 3 einstellige Zahlen. Bilde damit die kleinste mögliche Zahl.
→ 4 Felder weiterziehen

9 Eine Zahl ist durch 3 teilbar: *Plim*. Eine Zahl ist durch 7 teilbar: *Plam*. Finde eine Zahl, die *Plim-Plam* heißt.
→ noch einmal würfeln

10 Dein Würfel liegt vor dir. Wie lautet die Augenzahl auf der Unterseite?
→ Herzlichen Glückwunsch, du bist am Ziel angekommen!

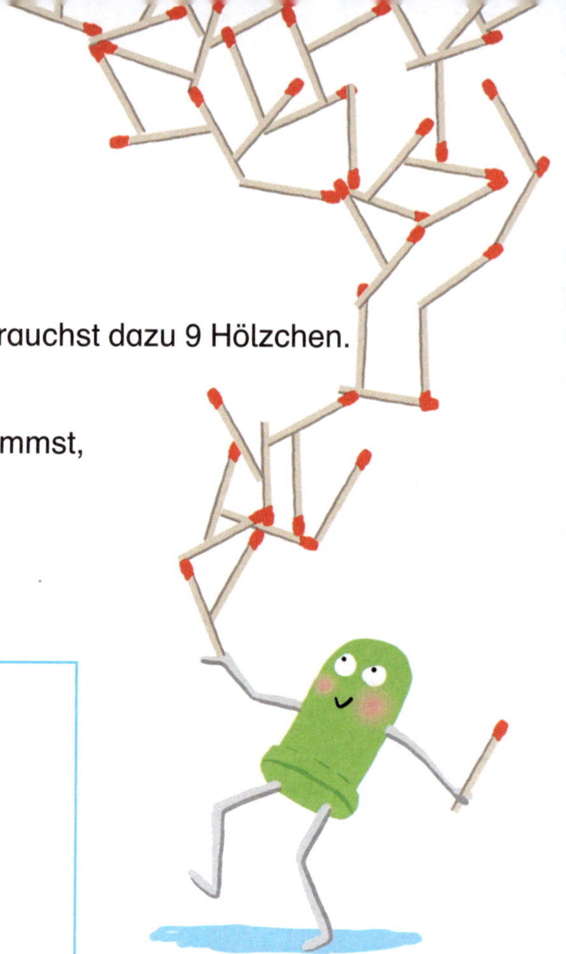

Hölzer umlegen

Lege die Figur nach. Du brauchst dazu 9 Hölzchen.

Wenn du zwei Hölzchen an der richtigen Stelle wegnimmst, bleiben ein kleines und ein großes Dreieck übrig.

Zeichne deine Lösung ein.

Figuren legen ohne Trick

Wenn du bei dieser Figur
2 Hölzchen richtig umlegst,
erhältst du 5 Quadrate.

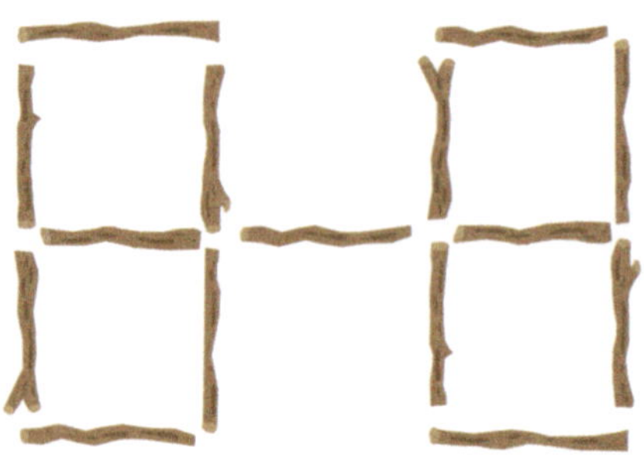

Finde den Stern

In der Grundfigur kannst du verschiedene Einzelfiguren entdecken.

Male die gesuchte Figur farbig an.

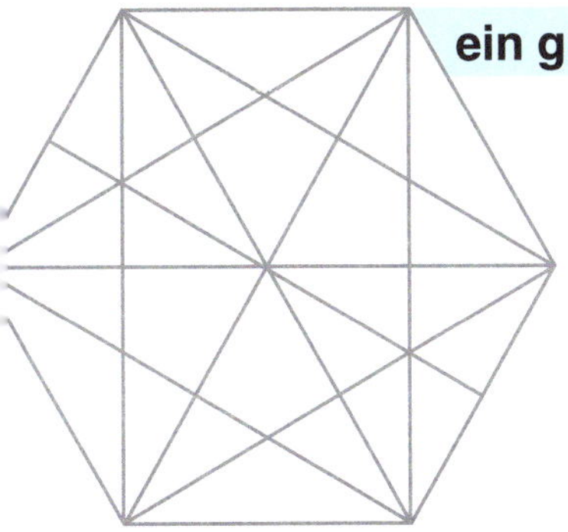

ein großes Rechteck

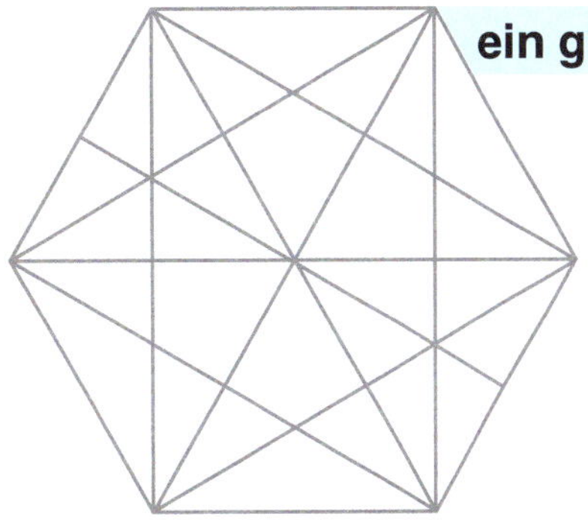

ein großes Dreieck

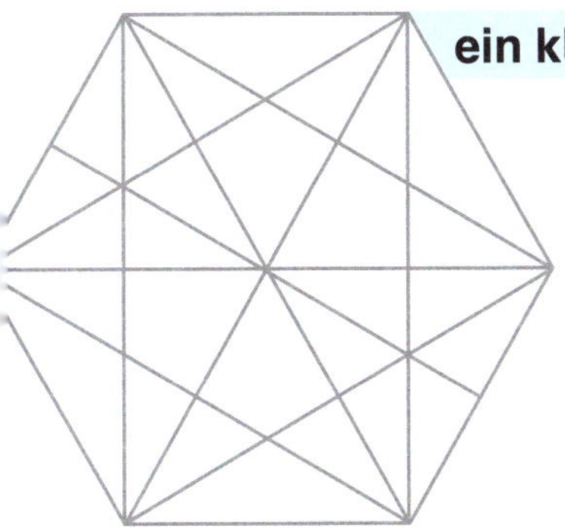

ein kleines Sechseck

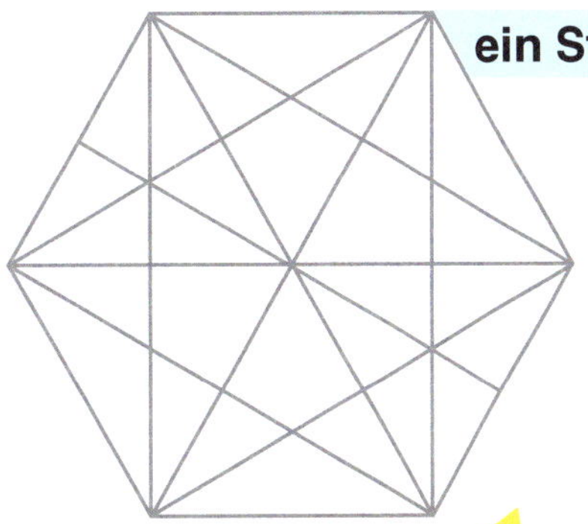

ein Stern

Suche ein schönes Muster und male es farbig aus.

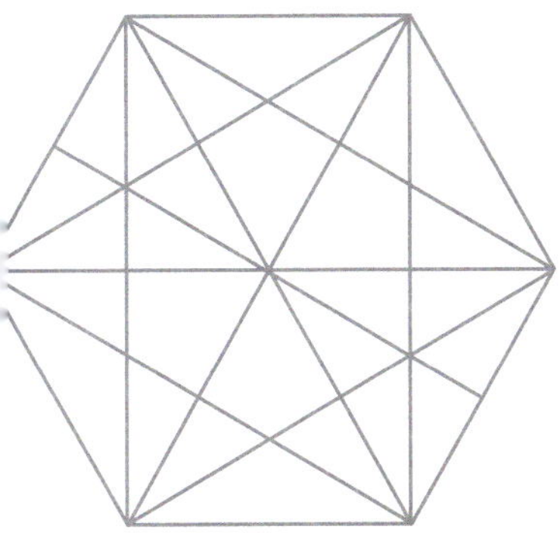

Den dicksten Fisch fangen

Suche den Weg mit dem größten Ergebnis.

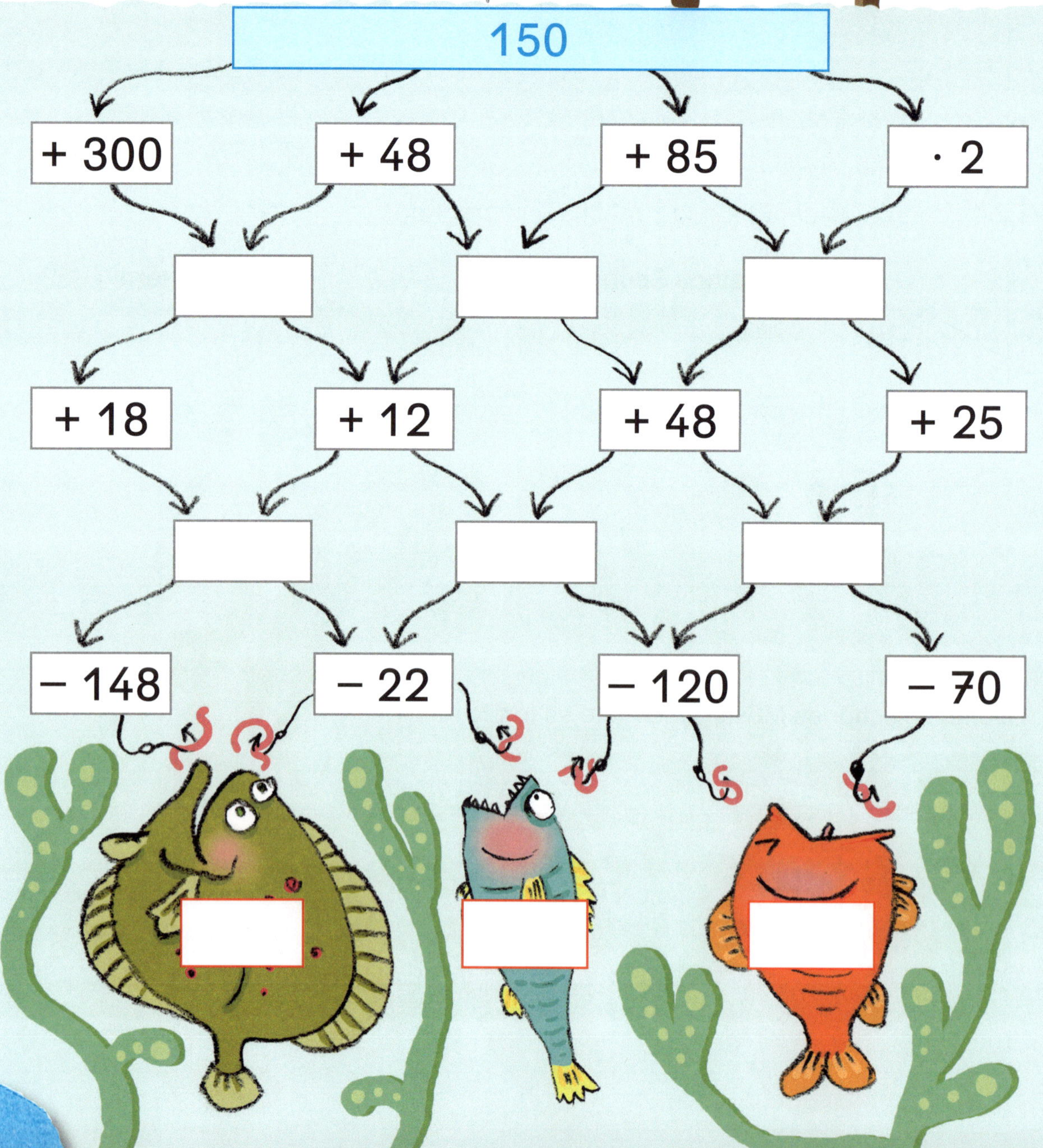

Der Weg durch den Irrgarten

Ein Irrgarten besteht aus einem System unübersichtlicher Wege mit Kreuzungen, Abzweigungen und Sackgassen. In Parkanlagen gibt es Irrgärten, die mit hohen Hecken gepflanzt wurden. Die Besucher versuchen, einen Zielplatz zu finden, der meistens in der Mitte liegt. Und der Rückweg wird auch wieder spannend.

So sieht ein bekannter Irrgarten in der Nähe der englischen Stadt London aus.
Finde den Weg vom Eingang zur Mitte des Irrgartens.

Zahlenirrgarten

Suche den Weg durch diesen Zahlenirrgarten. Wenn du richtig gerechnet hast, erhältst du am Ziel eine Zahl mit drei gleichen Ziffern.

Zahlenhüpfen

Addiere die Zahlen auf dem Weg zum Ziel.

Wenn du am Ziel die Summe 50 erreicht hast, darfst du wieder ans Ufer.

Ballspiele

Ordne die Schilder den Bällen zu.

Ordne die Bälle nach ihrem Gewicht. Nenne den schwersten Ball zuerst.

1. ____________ 2. ____________ 3. ____________

4. ____________ 5. ____________ 6. ____________

Lege immer mehrere Bälle auf die leere Seite der Waage, so dass sie im Gleichgewicht ist. Zeichne alle Bälle und schreibe das Gewicht dazu.

Figuren zeichnen

Zeichne die Figuren in einem Zug nach,
ohne den Stift abzusetzen.
Es sind immer zwei Figuren vorgegeben,
damit du probieren kannst.

Hast du am richtigen Punkt begonnen,

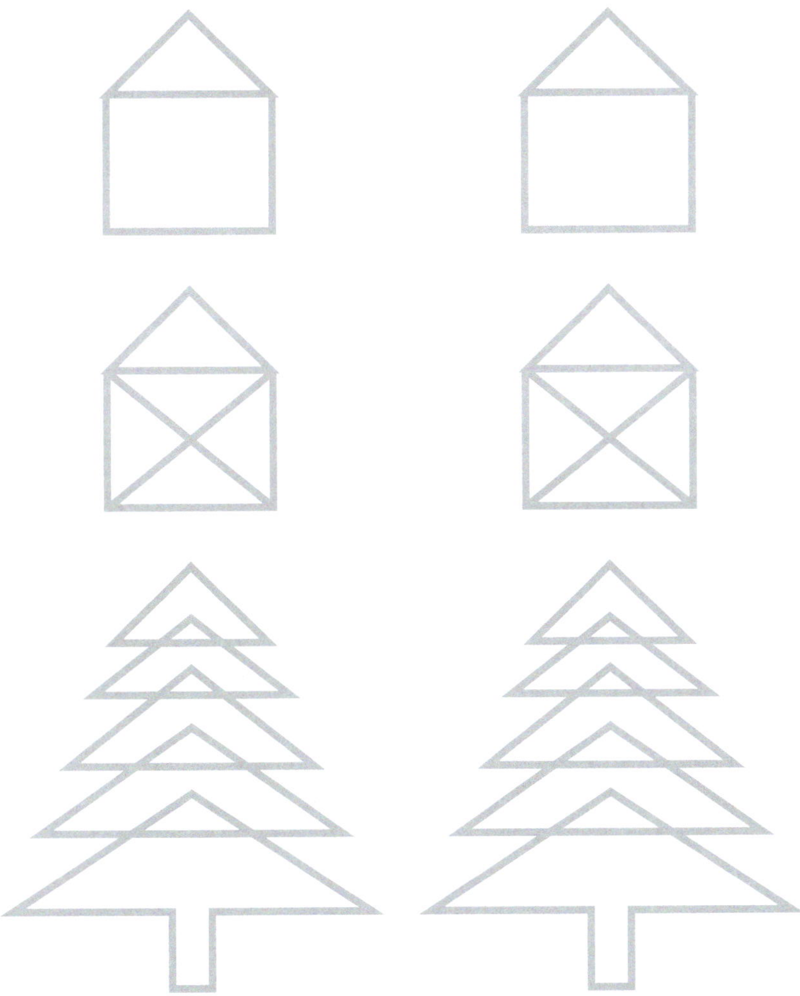

Der dunkle Dachboden

In einem alten Haus sind manchmal Geräusche auf dem Dachboden zu hören. Schau doch mal nach … Wenn du die Tür öffnest, knarrt sie laut. Schnell huschen die Tiere davon, die sich hier im Dunklen versteckt hatten.

Welche Tiere kannst du entdecken?

____

____

Stell dir vor, alle Tiere laufen an dir vorbei.
Wie viele Beine kannst du zählen?

Alle Tiere haben zusammen ______ Beine.

Vergleiche die Anzahl der Beine.

3 Spinnen		◯		5 Mäuse
6 Vögel		◯		3 Kater
4 Käfer		◯		4 Mäuse
3 Fledermäuse		◯		2 Käfer

Feldarbeit

Suche folgende Felder und notiere jeweils den Anfangsbuchstaben.

D1 **C6** **F2** **A5** **F5** **A6** **B8** **D7** **G1** **H3** **H8**

So erhältst du eine Botschaft. Schreibe sie hier auf.

Der Farben-Teppich

Dieser Teppich ist aus vielen Einzelstücken zusammengesetzt.

Gestalte den Teppich mit Farben, die dir gefallen.
Beachte dabei:

- Der Teppich soll möglichst wenig verschiedene Farben haben.
- Flächen mit der gleichen Farbe dürfen nicht aneinanderstoßen.

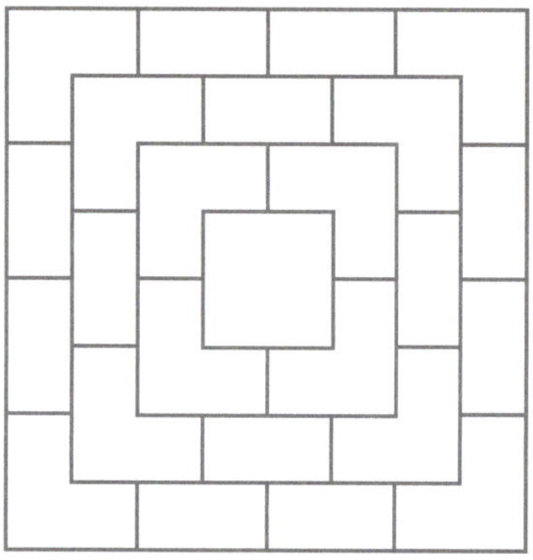

Hier kannst du probieren, wie du die Farben verteilen willst.

Reise durchs Heft

Seite 6 Welcher geometrische Körper hat nur eine Fläche?
Trage den **1. Buchstaben** ein. .... ☐ 1

Seite 27 Gehe auf das Feld E3.
Notiere den **1. Buchstaben** des abgebildeten Gegenstandes. .... ☐ 3

Seite 14 Wie viele Kombinationsmöglichkeiten für Sportkurse gibt es?
Du brauchst den **2. Buchstaben** dieser Zahl. .... ☐ 5

Seite 8 Wer belegt Platz 2 bei der Modenschau?
Notiere den **Anfangsbuchstaben** des Namens. .... ☐ 8

Seite 24 Was hat Mathi gewogen? Gesucht ist der **1. Buchstabe**. .... ☐ 4

Seite 21 Der Irrgarten liegt in der Nähe der bekanntesten Stadt in England.
Schreibe den **2. Buchstaben** des Städtenamens auf. .... ☐ 9

Seite 12 Welcher Buchstabe steht für das Zeichen △ ? .... ☐ 2

Seite 7 Welches Tier ist ungefähr so schwer wie 40 Autos?
Du benötigst den **1. Buchstaben**. .... ☐ 7

Seite 15 Notiere den **2. Buchstaben** des größten Tieres. .... ☐ 11

Seite 9 Welches Kind kann am längsten jonglieren?
Notiere den **Anfangsbuchstaben** seines Namens. .... ☐ 6

Seite 11 Nimm den **1. Buchstaben** der Zahl, für die das Zeichen ◒ steht. .... ☐ 10

Deine Lehrerin freut sich über eine Ansichtskarte mit dem Lösungswort.

Lösung:

1	2	3	4	5	6	7	8	9	10	11

4/5 Zum Beispiel:
Dreieck – Anschlagtafel;
dunkler Punkt – Sitzball; Quadrat – Lautsprecher; Rechteck – Kühltasche

6 Kugel, Quader oder Würfel
Pyramide, Kugel, Zylinder

7 Lösungswort: PRIMA

8
1. Melli 20 Punkte
2. Rolf 17 Punkte
3. Luisa 16 Punkte
4. Kati 13 Punkte
5. Simon 12 Punkte

9
1. Lukas 10 Minuten
2. Bettina 8 Minuten
3. Lisa 7 Minuten
4. Maxi 6 Minuten
5. Leo 5 Minuten

10

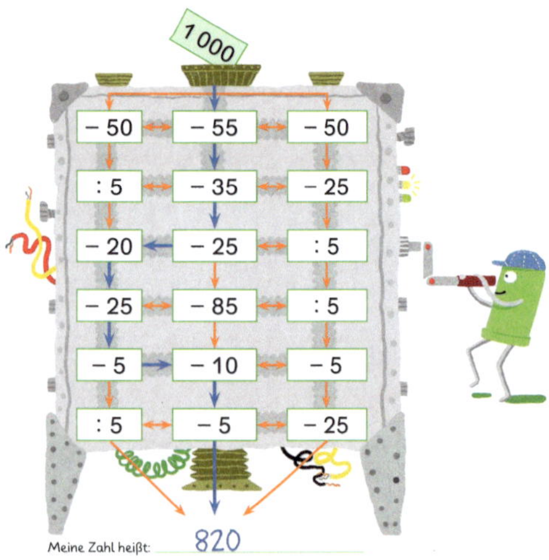

11 Das habe ich herausgefunden:

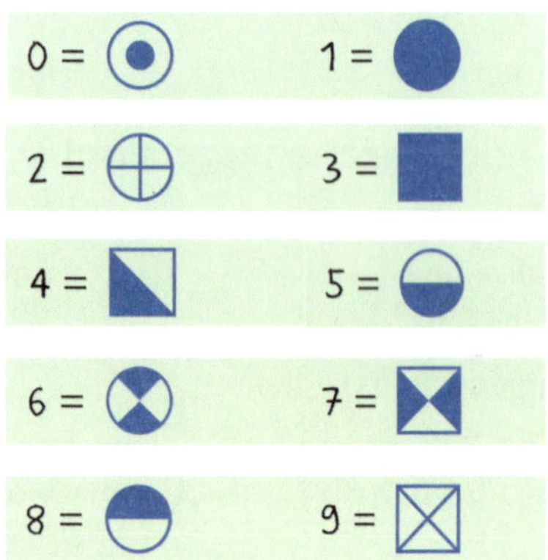

12 Lösungswort: EIN SCHLAUFUCHS

13

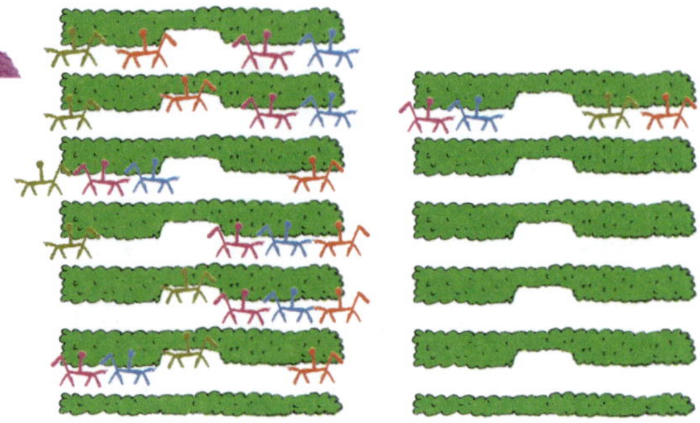

14

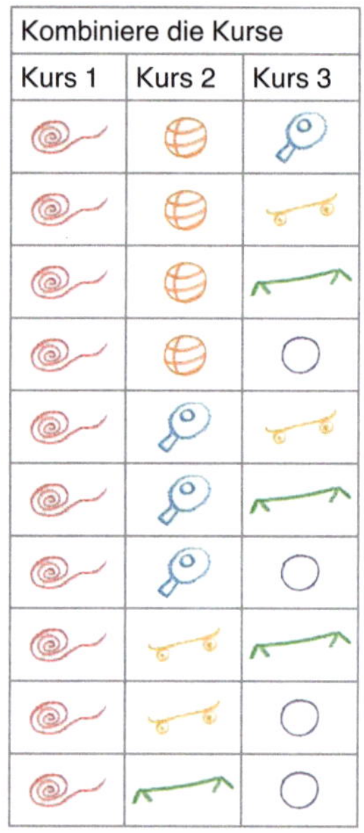

Es gibt 10 Möglichkeiten.

15
1. Giraffe 6 Meter
2. Elefant 4 Meter
3. Strauß 3 Meter
4. Bison 2 Meter
5. Löwe 1 Meter

18

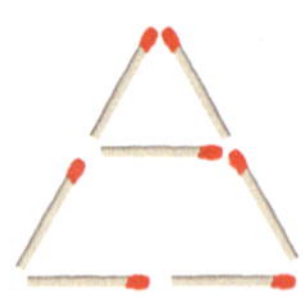

Zum Beispiel:

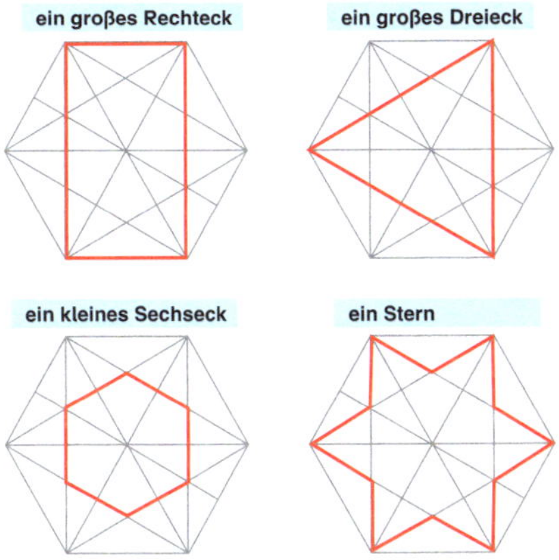

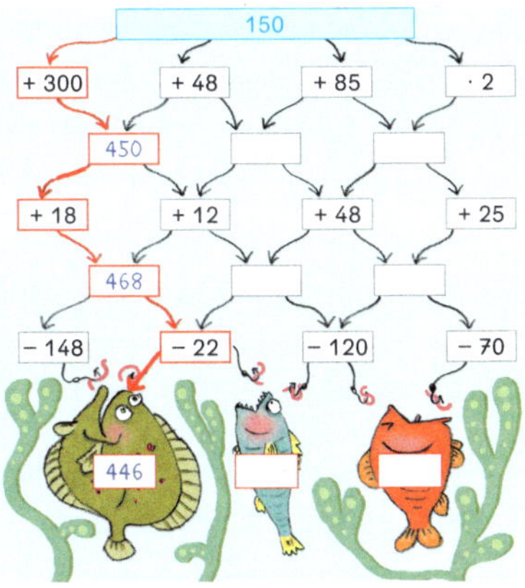

Zum Beispiel:

23

24

1. Medizinball 2 kg, 2. Hüpfball 900 g,
3. Basketball 600 g, 4. Fußball 450 g,
5. Wasserball 50 g, 6. Federball 5 g

26

Es sind 2 Spinnen, 1 Käfer, 1 Katze,
3 Vögel, 3 Mäuse.
Alle Tiere haben zusammen 44 Beine.

3 Spinnen	24	>	20	5 Mäuse
6 Vögel	12	=	12	3 Kater
4 Käfer	24	>	16	4 Mäuse
3 Fledermäuse	6	<	12	2 Käfer

27

Lösungswort: ZITRONENEIS

29

Lösungswort: KNOBELPROFI

Erarbeitet von Erwin Hajek
Redaktion Peter Groß, Claudia Thomas
Illustration Barbara Jung
Innengestaltung Birgit Riemelt

Hinweise für die Erwachsenen

Ferien sind Ferien. Die Reise durch die Knobeleien, Aufgaben und Rätsel des Heftes soll den Kindern ein Vergnügen sein, freiwillig und spielerisch.
Manchmal wird es hilfreich sein, Bastelvorschläge oder ein Spiel gemeinsam anzugehen.
Dann macht es auch noch mehr Spaß.
Und wenn es Spaß macht, lernt man am besten.

Die hier aufgeführten Übungsaspekte in den Aufgaben und Spielen sind exemplarisch und nur zur Orientierung für interessierte Erwachsene:

2 Addition, Subtraktion/strategisches Vorgehen üben **4/5** geometrische Körper und Flächen in Beziehung setzen **6** geometrische Körper identifizieren **7** Größen schätzen **8/9** Logisch kombinieren, Größen vergleichen **10** Subtraktion, Division üben **11/12** Geheimschrift entschlüsseln **13** Lösungsstrategie entwickeln **14** Kombinationen finden **15** Logisch kombinieren **16/17** Spiel und Spaß mit Zahlen **18** Figuren durch Umlegen verändern **19** Einzelne Formen in einer Figur erkennen **20** Addition, Subtraktion, Multiplikation üben **21** Weg durch einen Irrgarten finden **22** Grundrechenarten üben **23** Addition üben **24** Gewichte schätzen und zuordnen **25** Figuren in einem Zug zeichnen **26** Kenntnisse über Tiere anwenden, Addition **27** Orientieren im Raum **28** Farben nach einer Regel anwenden, systematisches Probieren
Umschlag hinten ein Quadrat zusammensetzen, räumliches Vorstellungsvermögen entwickeln